できる！
自由研究

小学 **1・2** 年生

NPO法人ガリレオ工房 編著

JN004243

目次

🧪 じっけん

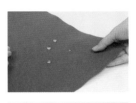

🔍 かんさつ

✂ 工作 (こうさく)

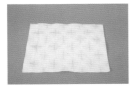

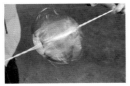

✐ ちょうさ

れんくん　　けろろん　　ひなちゃん

「科学の方法」を使うと
研究の仕上がりがよくなるよ!

かがくのほうほう?

科学の方法

❶ 疑問

「不思議だな」「知りたいな」
「どうなるのかな」と思う気持ちをもつ。

❷ 予想

「こうなるはずだ」「こうすればうまくいく
はず」と予想を立てる。

それに 頭を使うから
とても勉強になるはずだよ!

❸ 実行

実験・観察・工作・調査をやってみる。

❹ まとめ・考察

結果を文・絵・表・グラフなどでまとめる。
結果からわかったこと、思ったこと、
感じたことを、文や絵で表す。

❺ 発表

まとめたことをみんなの前で発表する。

自由研究の
やりかたって
順番があるんだね〜

へー!!

なるほど!

わたしは
予想を立てるのが
得意かな!

おうちの方へ：ドライアイスは、専用の保管容器以外で密閉しないでください。ドライアイスは、換気の良い場所で扱ってください。

まずはドライアイスを小さくするよ

ちいさかったらそのままでOK!

しんぶんし

おわんに水を入れておくよ

ふちギリギリまで!

ジャー

そして……
ポイントは油!!

オイル

おわんの中に油をひとさじずつたらすとあわが出始めたときに白いうずわが出てくるんだ!

うずわってなに?

まあるい輪っかのことだよ

おわんを横から見てうずわが出てくるようすを観察してみてね

ケロッ!!

ドキドキ

でてこい!でてこい!

うずわがポンポン出てきた～!

すごーい!

⚠️ ドライアイスをあつかう場合は、大人といっしょにね。

あわが出始めたときにあわの中の白いけむりが一度におし出されて輪っかができるんだよ

大成功!!

くわしくは ▶▶ p42

れんく～ん
ごはんよ～

はーい!!

な なに!? この緑色の
ひげみたいなやつ!

ああ それは
ブロッコリー
スプラウトよ～

すぷ…… スプラウト?
はじめて聞く名前だなあ

はーい!!

その疑問!
まさに自由研究の
チャーンス!!

わっ!!

スプラウトは種子を
発芽させた新芽のことだよ
だいたい3日から10日くらいで
種から芽が出てくるんだ

夕食のサラダに入っているのは
ブロッコリーの赤ちゃんって
ところかな

ケロッ!!

モヤシ カイワレ

これも スプラウト!

へー!!

それじゃあ
今回はカイワレ
ダイコンを
育ててみよう!

ピッ

じゅんび

2つの器にそれぞれティッシュペーパーをしき、ひたるぐらい水を注ぐ。

たねまき

ぬれたティッシュペーパーの上に、カイワレダイコンの種をまく。

1つは 明るいところで育てて
もう1つは はじめから最後まで
暗いところで育てて
ちがいを見てみよう

ケロッ

1つにはアルミはくをかぶせ、もう1つはそのままにして、毎日水をかえる。それぞれが発芽する様子を観察する。

どっちが
よく育つかなあ?

やっぱり
ひかりにあてたほう?

まいにち とりかえ

10日後……

1日目 2日目

あれれ?
暗いところで
育てたほうは
なんか
白っぽいよ?

しろ?

明るいところで
育てたほうは
あまり芽が
出なかったね

実は 光にあてるまで
葉っぱは緑色にならないんだよ

えぇー!
そうなんだ

用意するもの

保冷剤（ほれいざい）

コップ

絵の具（えのぐ）

おはじき

アロマオイル

いい香り（かおり）♡

ふくろから保冷剤（ほれいざい）を取り出してコップに入れ、4色ほど色をつけてアロマオイルでかおりをつける。

ポイント

水（みず）を入（い）れるとあわがぬけるよ
でも　入（い）れすぎると色（いろ）が
まざってしまうからね

ぽとん

色（いろ）をつけた保冷剤（ほれいざい）を1つずつ入（い）れてから水（みず）を少（すこ）しずつ加（くわ）える。

色（いろ）をつけるかわりに、保冷剤（ほれいざい）の中（なか）におはじきを入（い）れて、水（みず）を少（すこ）しずつ加（くわ）える。

こっちはおはじきを
入（い）れてみよう

かわいく
できたね!

つぎはキラキラ
いれてみよー!

さて　この夏に
チャレンジしてみたい
研究テーマは決まったかな?

どうしょー?

えっと
ぼくは……

わたしは
あれが
いいかなあ

科学の方法
ポイント!

① 疑問

テーマを
えらぼう

不思議だなあって
思うことって
たくさんあるよね

自由研究のテーマを
決めるためには
次の2つが
ポイントだよ!

● 不思議だと思う気持ちが大事

なんで?　どうして?
って疑問をもつことが
大事なんだ

なるほど!

そして
不思議だなあと思う
気持ちをもち続けるために
時間をかけて調べること

調べると　また新しいことがわかって
どんどん楽しくなるよ

● 知りたいことをはっきりさせよう

研究テーマを選ぶときは
どんなことがわかると
おもしろそうかを　まず
考えてみよう

水が赤くなるのは
なぜ?

知りたいなあと
思う気持ちも大事で
知りたいことがはっきりしていると
どんどん研究が進められて
きっと楽しいものに仕上がるよ!

楽しくなると
また疑問が生まれてきて
もっともっと新しいことを
知りたくなってくるんだ

この本を見て　なんで?　って強く思ったものを
テーマに選んで　チャレンジしてみよう!
これが自由研究のおもしろいところだよ!!

ケロッ!!

ぼくは
コレ!

わたしは
コレ!

② 予想

見通しを
もとう

- 予想を立てよう
- 計画を立てよう
- 必要な材料をそろえよう
- 図書館に行こう
- わからないことは大人に相談しよう

かんぺき♪

8月けいかくひょう

③ 実行

やってみよう

- 実験や観察、調査は根気よく続けよう
- 手順を守ってていねいにやろう
- しっかり記録をとろう
- 写真や動画でも記録しよう
- 条件をそろえて、何かと何かをくらべてみよう
- 安全にも気をつけよう

1日　2日　3日

④ まとめ・考察

結果を
まとめて
みよう

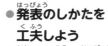

- 結果のまとめかたに注意しよう
- 表やグラフにまとめよう
- 見やすくまとめよう
  - もぞう紙にまとめる
  - 絵日記やスケッチブックにまとめる
  - レポート用紙にまとめる
  - 工作品をつける

みやすく！

じっけん

⑤ 発表

みんなに
わかりやすく
伝えよう

- 発表のしかたを工夫しよう
- 大きな声で発表しよう
- みんなからの質問にこたえよう

ハキハキ

まとめ

じっけん

じっけんをやるときに気をつけること

● 結果を予想しておこう。

● 必要なものを準備しよう。

● 作業はていねいに行おう。

● 結果がなぜそのようになったのか、自分の考えをまとめよう。

● 使うものをむやみに口や目などに入れないこと。

● ドライアイスを使う実験は、必ず大人と一緒に行おう。

じっけん❶

むずかしさ
★ ☆ ☆

所要時間
30分

テーマ
雨水の行方
（4年生）

紙や布の上で水玉をころがそう

水にぬれやすい紙や布に、水をはじく工夫をして、
水玉をころがして遊んでみよう。

ティッシュ
ペーパー

フェルトきじ

水玉に
なってる!!

じっけんのやりかた

1 水をたらしてみる

ティッシュペーパーにスポイトで水をたらすと、水がしみて広がる。

2 防水スプレーをかける

新しいティッシュペーパーを用意し、15cm くらいはなれたところから、防水スプレーをかける。しっかりかわかして、2回かけるとよい。

3 かわいたら水をたらす

防水スプレーをかけた面に、スポイトでそっと水をたらすと、水がはじかれて、水玉になる。

用意
するもの

● フェルトきじなどの布

防水スプレー

ティッシュ
ペーパー
などの紙

スポイト

●水

紙をのせる台 (プラスチックコップなど)

⚠ 防水スプレーは屋外で使うようにして、大人といっしょにやろう。

ためしてみよう！

ぬれても平気なところでやってみよう。

チャレンジ❶

防水スプレーをかけたティッシュペーパーに水をたらし、水玉をころがしたり、ジャンプさせたり、2人で水玉のパスをしたりしてみよう。
ティッシュペーパーの上の水玉をコップにもどした後、ティッシュペーパーの表面をさわってみよう。ぬれているかな？

チャレンジ❷

ティッシュペーパーと同じ方法で、大きいフェルトきじに防水加工をしよう。フェルトきじの角を何人かで持ち、スポイトでそっと水をたらし、みんなでころがしてみよう。水玉が集まって大きくなったり、ちぎれたりするよ。フェルトきじの下から、指で水玉をトンと上にはじくと、どうなるかな？

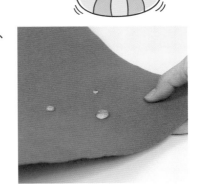

じっけん でサイエンス

▶ 紙や布の表面は、けば立っています。そこに防水スプレーでコーティングすると、けば立ったせんいの上に水玉がのった状態になり、水をはじくのです。

▶ 高いところから水を落としたり、下から指ではじいたりすると、そのいきおいで水がしみこみます。水がしみこんだせんいは、くっついてぺちゃんこになります。そこに次の水玉がくると、水どうしがくっつき、穴に落ちるようにしみこみます。

発表のためのまとめ

水を落とす高さをだんだん高くし、水がしみこむようになった高さを記録したり、下から指ではじいたときの様子を書こう。ティッシュペーパーやフェルトきじ以外でもためそう。

ためしたもの	落とした高さ	はじいた結果
ティッシュペーパー	20 cm	？
フェルト	◯ cm	しみこむ
◯◯◯	▲ cm	？
◇◇◇	☐ cm	？

じっけん❷

むずかしさ
★☆☆

所要時間
1時間

テーマ
ものと重さ
（3年生）

10円玉を水に浮かべよう

水や10円玉など身近なものを使ってできる実験。10円玉をそのまま水に入れると沈んでしまうのに、アルミはくを使うと、ほら…。

10円玉が船にのって浮いているみたいだ。

ふわっ

じっけんのやりかた

1 水面にアルミはくを浮かべる

せんめん器に水を入れて、アルミはくを平らに浮かべる。

2 10円玉を1枚ずつのせる

10円玉を1枚ずつ、静かにアルミはくの上にのせていく。

用意するもの
- アルミはく
- せんめん器
- 水
- 10円玉 約10枚

ためしてみよう！

🎯 チャレンジ❶

アルミはくの大きさを変えるといくつのる？

> アルミはくのはじにのせると、沈んでしまうよ。うまくバランスを取ってのせよう。

じっけん でサイエンス

▶ アルミはくのふちをおって水が入らないようにすると、水がものをおし上げる力（浮力）によって、たくさんの10円玉を浮かせることができます。

🎯 チャレンジ❷

アルミはくのふちをおるとどうなる？

🎯 チャレンジ❸

アルミはくを箱の形にするとどうなる？

発表のためのまとめ

アルミはくの大きさを変えると…

6cm × 6cm	10 10
8cm × 8cm	10 10 10 10
10cm × 10cm	?

8cm × 8cmのアルミはくの形を変えると…

そのまま	10 10 10 10
少しふちをおる	10 10 10 10 10 10
箱の形にする	?

21

むずかしさ
★☆☆

所要時間
1時間

テーマ
重さ(3年生)
風の力(2・3年生)

パタパタマシン・オリンピック

風で動くおもちゃ（パタパタマシン）をつくり、友だちとスピードレースをしたり、おすもうをとったりして、力や重さについて考えよう!

パタパタずもう

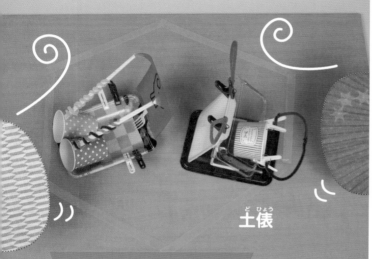

土俵

パタパタレース

じっけんのやりかた

1 うちわであおいでみる

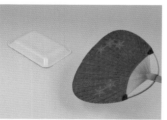

食品トレイに何もつけずにうちわであおぐと、少し進む。

2 紙コップをつける

トレイのまんなかに紙コップを取りつけ、いろいろな方向からうちわであおいでみる。取りつける前より、よく進む。

3 部品を加えていく

紙コップなどの部品をどのようにつけると、よく進むか考えて、いろいろな部品を取りつけていく。色をぬったり、絵をかいたりしてもいいね。

わりばしで風受けの帆をつくろう。

軽くてうき上がるときは、せんたくばさみのおもりをつけよう。

用意するもの

食品トレイ　色画用紙　紙コップ
うちわ　　　　　　　　ストロー　モール
セロハンテープ　せんたくばさみ　わりばし

●そのほか、部品としてつけてみたいもの

ためしてみよう！

パタパタマシンには、ある競技には強く、ある競技には弱いなどの特ちょうがあるので、それらの特ちょうを上手に組み合わせて、いろいろなマシンをつくってみよう。

🎯 チャレンジ❶

パタパタレース: スタートとゴールの位置を決め、うちわであおぎながら前に進み、友だちや家族と競走しよう！

パタパタはばとび: あおぐ人は動かずに、どれくらい遠くまでマシンを動かせるかな？　曲がらずまっすぐ進むかどうかがポイント。扇風機などを使ってもいいね。

パタパタずもう: 床にビニルテープなどをはり、土俵をつくり、その中で２つのマシンを向かい合わせ、後ろをあおぐ。「〇グラム～〇グラムの間でつくる」などのルールを決めてもいいね。

🎯 チャレンジ❷

オリンピックの競技を思い浮かべて、いろいろな競技を考え出してみよう。まるいコースを一周するトラック競技や、ジャンプ台をつくってジャンプさせる競技などもおもしろいよ。

じっけんでサイエンス

▶速く進むには、風をのがさずに受け止めるしくみが必要です。図書館などで、帆船（風を受けて進む船）について調べてみましょう。
遠くまで進むには、マシンの重さも重要。軽いものほど弱い力で動き、遠くまで運ばれる可能性が高くなります。強い風をつくるためのあおぎかたも大切です。

▶すもうに勝つためにも、重さは大切です。おすもうさんが体重を増やすのは、重いほうが、おされたときに動きにくくなるからです。

発表のためのまとめ

いくつかのマシンを見せながら、どのマシンがどの競技に強いのか、考えられる理由や特ちょうとともに発表しよう（下の表は例だよ）。

マシンのしゅるい	どの競ぎに強いか	理由や特ちょう
	パタパタレース	風をたくさん受けられるように、４つの紙コップをつけてある
	距り競ぎ	遠くに運ぶために、軽い車体に大きなほをつけてある
	パタパタずもう	重くして、風も多く受けられるようにペットボトルをのせ、カップラーメンの容器をつけてある

じっけん❹

むずかしさ
★ ☆ ☆

所要時間
1時間

テーマ
風の力
（2・3年生）

パラシュートを飛ばそう

ふだんはあまり感じない空気の力を使って、パラシュートを長い時間飛ばしてみよう。より長く安定して飛ぶのは、どんな形かな?

ふわり

ドライヤーの風でふわりと飛ぶね。

パラシュートのつくりかた

1 紙ナプキンにたこ糸をつける

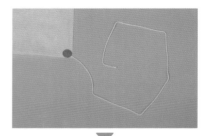

紙ナプキンを広げ、4すみにたこ糸をシールではる。

2 たこ糸をたばねて結ぶ

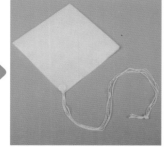

一度紙ナプキンをたたみ、たこ糸の長さがそろうようにたばねて結ぶ。糸の長さがふぞろいだと、うまく飛ばないよ。

3 たこ糸にクリップをつける

結び目にクリップを1個、セロハンテープではりつける。

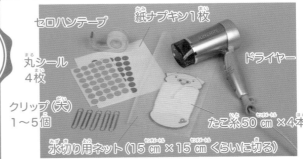

セロハンテープ　紙ナプキン1枚
丸シール4枚　ドライヤー
クリップ（大）1〜5個
たこ糸50cm×4本
水切り用ネット（15cm×15cm くらいに切る）

4 ドライヤーを固定する

ドライヤーの口をはずし、中にクリップが入らないように、ふき出し口に水切り用ネットをセロハンテープではる。風が上を向くように調整し、台などに固定してパラシュートを飛ばす。

⚠ ドライヤーを固定するとき、下部にある空気取りこみ口をふさがないようにしよう。

ためしてみよう！

チャレンジ❶

ひもの長さを変えたり、おもり（クリップ）の数を変えたりして、より長く飛ばす工夫をしよう。よく飛ばすには、ひもの長さを、紙ナプキンの対角線の長さの1.5倍ほどにするといいね。

クリップをふやすと…

大きなパラシュートでは、おもりのクリップもたくさんひつようなんだ。

チャレンジ❷

パラシュートをいろいろな形に切ったり、穴をあけたりしてためしてみよう。長方形や三角形でも飛ばすことができるよ。紙ナプキンのかわりにポリ袋でもできるよ。

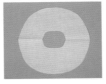  

じっけんでサイエンス

▶ パラシュートのまん中に穴をあけると、空気の流れが安定し、パラシュートは下からふきつける風の中にとどまろうとします。

▶ 実さいに使われているパラシュートにも、穴があけられています。

発表のためのまとめ

飛んでいる時間を測定して表にまとめ、いちばん長く飛ぶパラシュートや工夫したパラシュートを見せよう。どのパラシュートがよく飛ぶか予想してもらってから実演して見せてもいいね。

パラシュートのちがい	とんでいる時間
糸の長さ30cm・クリップ1個	？秒
糸の長さ30cm・クリップ2個	？秒
糸の長さ50cm・クリップ1個	？分
糸の長さ50cm・クリップ2個	？分
？	？分
？	？分

むずかしさ
★ ☆ ☆

所要時間
1時間

テーマ
水の蒸発
（4年生）

酢であぶり出しをしよう

何も書いていない秘密の手紙。
あたためると、じわじわと絵が浮かびあがってくるよ！

じわじわ〜

とつぜん絵が浮きでたわ！

じっけんのやりかた

1 酢をつけた綿棒で絵をかく

食酢をつけた綿棒で画用紙に絵や字をかく（酢をつけすぎると、なかなかかわかないので注意）。

2 かわいたらホットプレートにのせる

食酢のあとが見えなくなるまでかわかし、熱したホットプレートにのせる。

用意するもの

- 画用紙　● 食酢
- 皿　● 綿棒
- わりばし
- ホットプレート

3 絵が浮かびあがる

かいた字や絵が浮かびあがってきたらこがさないように注意して、ホットプレートから取り出そう。ホットプレートの上はどこも同じ温度ではないから、早く熱くなるところから絵が出てくる。ときどき、わりばしで動かすようにしよう。

長時間おいたままにするとけむりが出るので、目をはなさないようにしよう。

ためしてみよう！

チャレンジ

酢のかわりにみかんやレモンの汁でもやってみよう。

じっけんでサイエンス

▶ 酢はとうめいに近いので、かわくとほとんど見えなくなります。でも、紙にしみこんだ酢の成分は、紙の中にまだ残っています。これが熱せられると酢の成分や紙が茶色い物質に変化するため、字や絵が浮かびあがって見えるのです。

発表のためのまとめ

ホットプレートを用意しよう。そして5人くらいの友だちにかいてもらってからあたためて、真っ白な紙に絵が浮かびあがってくるのをみんなに見せてもらおう。絵から、だれがかいたか当てるゲームをしても楽しいね。

むずかしさ
★★☆

所要時間
30分

テーマ
風の力
（2・3年生）

いろいろな風で しゃぼん玉を飛ばそう

大きなしゃぼん玉やすごく小さなしゃぼん玉はどうしたらつくれるんだろう。ふく風を変えていろいろなしゃぼん玉をつくってみよう。

小さなしゃぼん玉が
すごくたくさんできてる！

直径３㎜のストローで息をふくと…

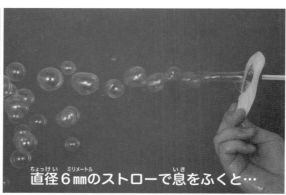

直径６㎜のストローで息をふくと…

タピオカストローで息をふくと…

ドライヤーの冷風をあてると…

じっけんのやりかた

1 画用紙を切って輪をつくる

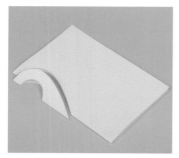

しゃぼん玉づくり用の輪がない場合は、画用紙を半分におって切り取り、輪をつくる。

2 しゃぼん液を用意する

小皿にしゃぼん液を入れる。

用意するもの

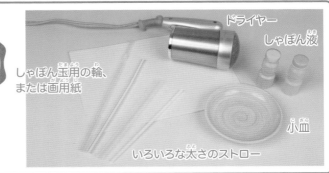

ドライヤー
しゃぼん液
しゃぼん玉用の輪、または画用紙
小皿
いろいろな太さのストロー

3 しゃぼん玉をつくる

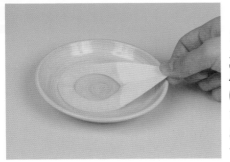

しゃぼん液に輪をひたし、いろいろな太さのストローで息をふきかけて、できるしゃぼん玉の大きさをくらべる。さらにドライヤーの冷風をあてて、どんなしゃぼん玉ができるか調べてみよう。

しゃぼん玉ができにくいときは、PVA入りせんたくのりをくわえてみよう。

ためしてみよう！

チャレンジ

ヒアルロン酸入り化粧水に、液体せんざいを入れてしゃぼん液をつくってみよう。手ぶくろをはめた手の上ではずませられるよ。

じっけんでサイエンス

▶すごく細いストローでしゃぼん玉をつくると、ひと息でとても小さなしゃぼん玉がたくさんできます。ストローが大きくなるにつれて、できるしゃぼん玉は大きくなり、数はへります。

▶ふく風の広さによって、できるしゃぼん玉の大きさが変わることがわかります。

発表のためのまとめ

実験の結果を表にしてまとめよう。

	よくできるしゃぼん玉の直けい	ひと息でできるしゃぼん玉の数
直けい3mm	1cm	50個
直けい5mm	○cm	○個
直けい8mm	▲cm	▲個
直けい15mm（タピオカストロー）	□cm	□個
ドライヤー	10cm	1個

じっけん❼

むずかしさ
★★☆

所要時間
30分

テーマ
結露
（4年生）

ドライアイスで うずわをつくろう

ドライアイスから出るあわを使って、うずわをつくろう。
うずわがポンポンと出てくるよ。

すごーい！
うずわがポンポン出てくる！

じっけんのやりかた

1 ドライアイスを小さくする

ドライアイスを新聞紙（チラシやタオルでもよい）でつつみ、ダンボールの上にのせてハンマーでたたき、2cm角くらいの大きさになるまでくだく。かならずぐん手をはめて、家のゆかや机の上ではなく、外で行うこと。

2 水の入ったおわんに ドライアイスを入れる

5mm

おわんに水を入れておく。おわんのふちから、5mmくらい下まで入れよう。スプーンにドライアイスをのせ、おわんの中にそっと入れる。

おうちの方へ：ドライアイスは、専用の保管容器以外で密閉しないでください。

!ドライアイスは、換気の良い場所であつかおう。

!ドライアイスは手でさわるとけが（凍傷）をするよ。ドライアイスをつかむときや、たたいて小さくするときだけではなく、ドライアイスをのせたスプーンを持つときも、かならずぐん手をはめよう。

用意するもの

じっけん**7** ★★☆

横から見て、うずわが出てくる様子を観察しよう

3 スプーンで油を入れる

おわんの中から、白いけむりが出てくる。そこへ、スプーンで油をひとさじずつ入れていく。ちょうどよいりょうの油が入ると、あわがはじけたときに、白いうずわがポンポンと出てくる。

ためしてみよう！

30秒間で、何個の白いうずわが出てきたか、かぞえてみよう。

🎯 チャレンジ

油を入れないおわんや、油のかわりに食器用せんざいを入れたおわんでも、ためしてみよう。出てくるうずわの数や大きさは変わるかな。おわんよりも大きな容器でもチャレンジしてみよう。

じっけん でサイエンス

▶水に入れたドライアイスは、気体の二酸化炭素にすがたを変えます。まわりの空気中の水分が冷やされ、冷たい白いけむりとして見えるのです。さわってたしかめてみましょう。

▶あわがはじけたとき、あわの中の白いけむりが一度におし出されることで、わができます。

発表のためのまとめ

おわんの後ろに黒い紙などをおいて、うずわの写真をとろう。結果を表にまとめて、発表するときに、うずわの写真を見せながら、どのようにうずわが出てきたのかを説明しよう。

入れたもの	様子
なし	白いけむりが流れ出る
油 1さじ	うずわ○個／分
油 2さじ	うずわ△個／分
油 3さじ	うずわ□個／分
せんざい	？

31

じっけん❽

むずかしさ
★★★

所要時間
30分

テーマ
水の三態変化
（4年生）

星こおりをつくろう

水がこおる温度より低い温度をつくりだすと、冷凍庫がなくても、目の前で水を瞬間的にこおらせることができるよ。

あっというまに水が氷になっちゃった！

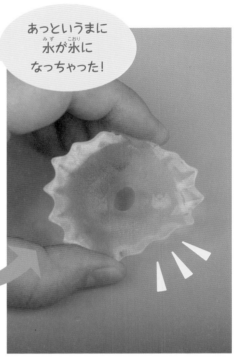

できた氷にストローで息を吹きかけ、氷に穴をあけて遊ぼう。

じっけんのやりかた

1 くだいた氷を用意する

氷を袋に入れてバスタオルの間などにはさみ、かなづちなどで、たたいてくだく。かき氷器でかいた氷でもよい。夏場に食べる氷として売っているものは、そのままでも使える。

2 氷の温度をはかる

氷を発泡スチロールのどんぶりに入れ、温度をはかる。

用意
するもの

●くだいた氷150g
●塩30g
●発泡スチロールの
　どんぶり
●アルミカップ（星形
　マドレーヌ型）
●精製水20mL　●温度計

※精製水は薬局で手に入れられる。

3 氷に塩を混ぜる

氷に塩を入れて混ぜ、温度をはかる。－10℃以下に
なっていることを確認する。

4 カップに精製水を入れる

アルミカップに精製水を20mL入れ、
氷のまん中にうめるように入れる。

5 5～10分ほど待ち、カップをゆする

5分から10分くらい
静かに待つ。水がトロ
ンとした感じになった
らOK。カップを手で
ゆすると、水が一気に
星形の氷になる。

4で待つ間に氷になってしまった
ときや、5でゆすってもこおらな
いときは、はじめからやり直そう。

じっけんでサイエンス

▶氷に塩を入れると氷点下の温度がつくれます。

▶水をゆっくり冷やすと水のままマイナスの温
度になり、ゆすって衝撃を与えると一気に氷
になります。水が氷になるのには、低い温度
と小さなきっかけが必要です。

発表のためのまとめ

塩が入っていない氷と、塩を5g、
10g、20g、30g、50gと増やして
いったときの、氷の温度をくらべて
グラフにしよう。大人に協力しても
らって、一気に氷ができるところを
ビデオにとってもらおう。

ほかにもこんな実験があるよ！

コラム

じっけん① 輪ゴムとトレイでギター

用意するもの 輪ゴム8本、トレイ、セロハンテープ

トレイの上下に8本の切れこみを入れて輪ゴムをかけ、トレイの後ろで輪ゴムをセロハンテープでとめる。

ためしてみよう！ 切れこみの長さをかえて、高い音ほど輪ゴムがピンとはるように、輪ゴムをはる強さを調節しよう。

じっけん② 1円玉を水にうかべる

用意するもの せんめん器、1円玉、水

せんめん器に水を入れ、水面に1円玉をうかべてみよう。1円玉の重さで水面が下がり、1円玉どうしがくっつく。

ためしてみよう！ 3枚なら三角形、7枚なら花の形になることが多いよ。ほかにどんな形ができるかな。

じっけん③ ゼラニウムの花びらのたたき染め

用意するもの 赤いゼラニウムの花、画用紙、綿棒、酢、石けん

花びらを画用紙にのせ、指でこすり、色を写す。写した色に綿棒で酢をつけるとピンク色に、石けんをつけると青色になる。

ためしてみよう！ アサガオなどの他の花でもできるかやってみよう。

じっけん④ 光をとおさないものはどれ？

用意するもの 陶器のコップ、とう明なコップ、黒い画用紙、アルミはく

用意した物のうち、光をとおさないものはどれか。目に当てて、暗い部屋から明るい外を見てみよう。

ヒント 画用紙とアルミはくは、とう明なコップにまいて調べよう。

⚠ 太陽を直接見ないようにしよう。

ためしてみよう！ 陶器のどんぶりはどうか。暗くした部屋のカーテンのすきまから外を見てみよう。

じっけん⑤ 上昇気流をつかまえよう

用意するもの しゃぼん液、ストロー、うすいポリ袋、細い糸

風のある日に、建物がL字に曲がった場所でしゃぼん玉を飛ばしてみる。上昇気流でしゃぼん玉がぐんぐん上がることがある。

ためしてみよう！ 糸をつけたポリぶくろを上昇気流のある場所で飛ばしてみよう。

かんさつ

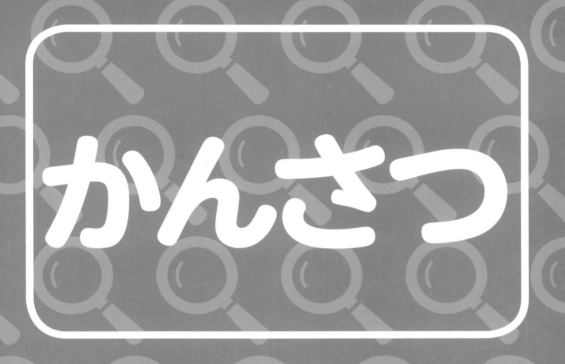

かんさつをするときに気をつけること

● どのように記録し、まとめるかを考えよう。絵がいいか、表にするのがいいか、写真やビデオがいいかをよく考え、道具の準備からはじめよう。

● かんさつした結果から気づくことはなんだろう。自分の考えをもち、なぜそう思ったのかをくわしく書くといいね。

● 虫めがねを使うときは、絶対に虫めがねで太陽を見ないこと。

かんさつ❶

むずかしさ
★☆☆

所要時間
30分

テーマ
風のはたらき
(3年生)

かんたん!!
バランス風車

かんたんにできるおり紙の風車をいろいろな形でつくって、
まわりかたのちがいを考えてみよう。

くるくる

くるくる
まわっているよ。

かんさつのやりかた

1 おり紙を切る

おり紙を半分に切る。

2 4つの辺の内側を谷おりにする

切った長方形の4つの
辺の内側7mmくらいの
ところを谷おりにする。

※谷おりは少しまげて
お皿のような形にする
(90°に立てない)。

用意
するもの

おり紙

指サック

⚠ 風があるとうまくまわらな
いので、室内でまわそう。

---

3 指サックをしており紙をのせる

指に指サックをして 2 でつくったおり紙を
バランスがとれるようにのせる。指サックが
ないときは、指先を少しぬらそう。

4 風車をまわす

そっと指をたおし
て早歩きすると、
おり紙がくるくる
とまわるよ。

⚠ 早歩きするときに
机などにぶつから
ないように気をつ
けよう。

かんさつ❶ ━ ★ ☆ ☆

かんさつ でサイエンス

▶ 四角い紙が風を受けると、紙の角が後ろ
にまがります。正方形やひし形、円などは
半分におるとぴったり重なりますが、長
方形や平行四辺形は角で折ると重なりま
せん。ぴたっと重なる図形では、紙の角の
まがりかたが左右対称で、力がつりあっ
てしまいますが、ぴたっと重ならない図
形では、力がつりあわないので、紙がまわ
りやすいのです。

よくまわる形の例　　あまりまわらない形の例
（点対称図形）　　　（線対称図形）

発表のためのまとめ

よくまわる形とあまりまわらない形
を図でまとめよう。実さいにみんな
の前でまわしてみよう。

よくまわる形	あまりまわらない形
長方形	正方形
平行四辺形	ひし形
	円

37

かんさつ❷

むずかしさ
★☆☆

所要時間
15分

テーマ
水のしみこみ方
（3年生）

葉っぱや花びらに水玉をつくろう

雨あがりに庭や公園の葉や花の上に水玉を見ることがあるね。
なぜ水玉ができて、葉や花にしみこまないのか考えてみよう。

きれいな水玉ができた！

かんさつのやりかた

1 スポイトで水をたらす

水玉ができるかどうか調べたいものの上に、スポイトでほんの少しの水をたらす。そのあとで、多めの水もたらしてみよう。

2 水玉をゆらしてみる

水玉ができたら、かたむけたり、ゆすったりしてみよう。水玉はころがるかな。

水玉はころがりやすいので、そっと動かそう。

●調べたいもの（葉、花、木など）
●スポイト　　　●水を入れるようき
●食器用せんざい　　●水

用意
するもの

ためしてみよう！

⚠ ぬれても平気な場所でやってみよう。

🎯 チャレンジ❶

葉や花のしゅるいによって、水玉のできかたにちがいがあるのかな。葉のオモテとウラでも、ためしてみよう。

🎯 チャレンジ❷

ハスやサトイモの葉でためしてみよう。葉の上で水玉がころがるよ。

🎯 チャレンジ❸

ヨーグルトの容器のフタでも、ためしてみよう。

🎯 チャレンジ❹

カイコのまゆやチョウのはねがあったら、ためしてみよう。ぬれないように水をはじいてるね。

カイコのまゆ

 ▶

モルフォチョウ

🎯 チャレンジ❺ 　水に少量の食器用せんざい（あるいは消毒用エタノール）を加え

て、スポイトでたらしてみよう。同じように水玉ができるかな。せんざいを入れると、水のまとまる力が弱くなるよ。

🔍 かんさつ でサイエンス

▶イネやハスは水気の多い所で育ち、葉についたどろなどを落とすために、葉の表面ででこぼこになっていて水をよくはじきます（ロータス効果）。これをヒントにつくられたのがヨーグルトの容器のフタで、中のヨーグルトがつきにくいものがあります。

▶バラの花びらでも水玉ができますが、ハスの葉とちがい、かたむけても水玉が動きません（ペタル効果）。このしくみを利用した布もつくられています。

発表のためのまとめ

調査の結果や気づいたことを表にまとめよう。その植物のくらしぶりから、どんなことがわかるかな。

調べたもの	水の様子	気づいたこと
イネの葉	水玉ができた	水を多くすると流れた
イチョウの葉	水玉ができるときもあった	水を多くすると流れた
カタバミの葉	？	？
バラの花	水玉がたくさんできた	かたむけても動かない

かんさつ❷ ー ★ ☆ ☆

39

かんさつ❸

むずかしさ
★☆☆

所要時間
30分

テーマ
光の反射屈折
(中学1年生)

消える、切れて見える水の魔法

水そうの後ろを通るストローや水につかったストローを
ななめから見ると…。あれれ、何か変だぞ?

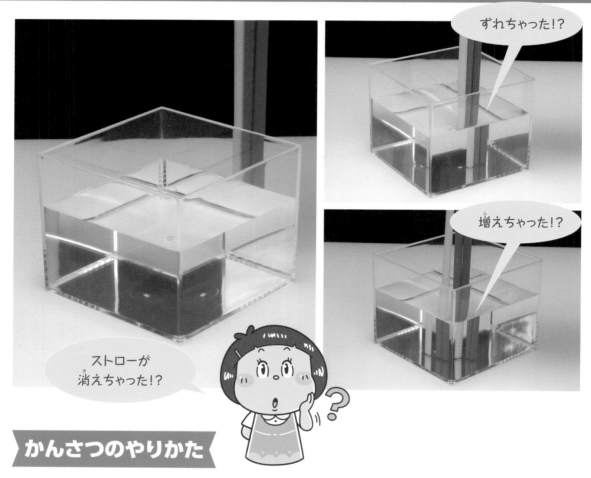

ずれちゃった!?

増えちゃった!?

ストローが
消えちゃった!?

かんさつのやりかた

1 消えちゃうよ

水そうをななめから見ていると、ストローが水そうの後ろを通るとき、消えて見える。

2 ずれちゃうよ

ストローを水そうに入れ、ななめから見ると、切れて見える。

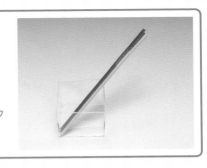

③ 増えちゃうよ

ストローを角に向けて立て、ななめ上の角度から見ると、ストローが増えて見える。

ためしてみよう!

チャレンジ①

ストローのほか、人形などを水そうに入れて台の上におき、そのまわりをまわって観察してみよう。

チャレンジ②

カップの底に10円玉を入れて、ななめから見る。水を入れるとどうなるかな?

かんさつでサイエンス

▶光は空気と水のさかい目で、はねかえったりまがったりします。そのため、見る角度によってその様子が変わるのです。水の入ったコップにストローを入れるとまがって見えたり、お風呂の中で、手の指が短く見えたりするのに似ています。

発表のためのまとめ

絵をかいたり、いろいろな角度から写真をとってまとめるといいよ。

ストローの見えかた

ストローを入れてななめから見る	角に向けて立て、ななめ上から見る
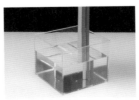	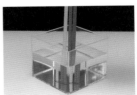

むずかしさ
★★☆

所要時間
15日

テーマ
発芽
(5年生)

スプラウトを育てよう

健康食品としても注目されているスプラウト（植物の新芽）。光のあてかたを変えるなど、さまざまな実験をしたあとは、おいしく食べよう!

わぁ、いっぱい芽が出たよ!

⚠️ 新芽を食べるときは、必ずスプラウト用の種を使おう。

かんさつのやりかた

1 ティッシュペーパーをしき、水を注ぐ

2つの器にそれぞれティッシュペーパーをしき、ひたるぐらい水を注ぐ。

2 種をまく

1のぬれたティッシュペーパーの上に、カイワレダイコンの種をまく。

用意するもの　●カイワレダイコンの種　●ティッシュペーパー3〜4枚
●器2つ　●アルミはく　●水

３ 1つにアルミはくをかぶせる

1つにはアルミはくをかぶせ、1つはそのままにして、発芽する様子を調べてみよう。

４ 両方の水を毎日かえる

種がこぼれないように気をつけて、毎日両方の水をかえよう。
※片方にはアルミはくをかぶせておこう。

かんさつ④ ★★☆

５ 芽が出たらアルミはくをはずす

芽が出たら、アルミはくをはずして明るいところで育てる。もう1つの器はどうなったかな？

はじめから最後まで暗いところで育てるとどうなるかな。もやし、ブロッコリーなどいろいろなスプラウトさいばい用の種を育ててみよう。

６ よく洗って食べる

うまく育てば10日ほどで食べられる。切って、よく洗いサラダにして食べてみよう。

かんさつでサイエンス

▶ 植物は光を感じ取るセンサーを持っていて、カイワレダイコンの場合は、明るいところではあまり発芽しません。

▶ また、光にあてるまで、葉は緑色になりません。これは、光にあたってはじめて、光合成を行う葉緑素という緑色の色素ができるからです。

発表のためのまとめ

成長の様子を表にまとめよう。スケッチしたり写真をはるといいよ。

おいた場所	1日目	2日目	3日目	4日目
明るいところ	芽が出ない	芽が出ない	？	？
暗いところ	芽が出ない	少しだけ芽が出た	？	？

43

かんさつ❺

むずかしさ
★★☆

所要時間
20分

テーマ
水の蒸発
（4年生）

息でまるまる紙

人のはく息には、たくさんの水分が入っているよ。トレーシングペーパーが、空気中の水分を取りこんだり、出したりする様子を観察しよう。

かんさつのやりかた

1 色をぬる

トレーシングペーパーをたて長において、上部をクレヨンでぬる。トレーシングペーパーには、つるつるな面と、ざらざらな面があるので、ざらざらな面に色をぬる。クレヨンがはみ出てもいいように、下に紙をしくとよい。

2 細長く切る

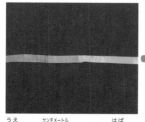

上を1cmほどの幅で横長に切る。

3 2つにおる

クレヨンをぬったざらざらな面が外側になるように、紙を2つおりにする。

4 袋に紙を入れてふる

2〜3回息をふきこんだポリ袋に、2つおりにした紙を入れてふる。息をふきこみすぎると、ポリ袋の内側に水てきがつき、紙がぬれてしまってうまくいかなくなるので注意が必要。

用意するもの
●トレーシングペーパー　●紙
●じょうぎ　●はさみ
●えんぴつ
●オイルクレヨン
（一般的なクレヨン）　●ポリ袋

⑤ 紙がまるまる

袋の中で、写真のように紙がまるまる。

⑥ 紙を取り出して観察

まるまったら、袋から取り出してみる。ひとりでに紙が動いて、元の形にもどろうとする。これを2～3度くり返すと、反対側に曲がるようになり、やがてハート型になる。

⑦ まるまらないときは…

うまくいかない場合は、紙の繊維の方向がちがうことが考えられる。その場合、たて長においた紙の側面をクレヨンでぬって、たて長に切って使うとよい。

ためしてみよう！

🎯 チャレンジ❶

上手くいったら、オリジナルのデザインを考えると楽しいよ。温かい飲み物の上に網をのせて、その上にクレヨンをぬった作品を置くと激しく動くよ。

🎯 チャレンジ❷

手に載せて息をふきかけても動くよ。

⚠ 何度もくり返すと、平らな状態に戻りにくくなります。

かんさつでサイエンス

▶ 紙は湿気を吸って伸び、乾くと元にもどる性質があります。片面にオイルクレヨンをぬると、ぬった面は湿気を吸わなくなりますが、ぬらなかった面は湿気を吸って伸びるので紙が曲がるのです。これをくり返すと、紙の内側にしみこんだ水分がかわかないで残ることと、紙のせんいが弱くなることで、紙が反対側にそった状態でとまるようになります。

発表のためのまとめ

たくさん作って、みんなにも体験してもらおう。

かんさつ❻

むずかしさ
★★☆

所要時間
1時間

テーマ
電気のはたらき
(4年生)

ぴょんとにげ出す ポリエチレンシート

ポリエチレンシートの金魚すくい!? そのままハンガーを
もち上げようとしても、どうしてもうまくいかないのはなぜ?

ちぎったポリエチレンシートがはねて、にげ出してる!

ぴょん

ぴょん

かんさつのやりかた

1 ハンガーにラップをまく

ハンガーを広げてラップをまきつける。

2 ふくろに切れこみを入れる

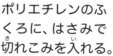

ポリエチレンのふくろに、はさみで切れこみを入れる。

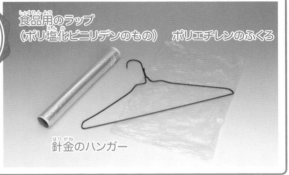

食品用のラップ
（ポリ塩化ビニリデンのもの）　ポリエチレンのふくろ

針金のハンガー

⚠ 針金のハンガーは、広げて使っても
よいか、大人にかくにんしよう。ハン
ガーの針金やラップの金具で手をき
ずつけないように気をつけて！

③ ふくろを手でちぎる

切れこみを
さいてつく
ったポリエ
チレンシー
トを、ラッ
プのまん中
に落とす。

④ ハンガーをもち上げる

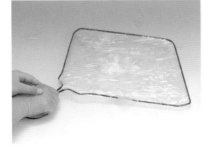

ポリエチレ
ンシートを
のせたまま、
ハンガーを
上にもち上
げる。

かんさつ でサイエンス

▶静電気には＋と－があります。＋と＋、－
と－は反発し、＋と－はくっつきます。ラ
ップやポリエチレンは－になりやすいた
め、ポリエチレンのふくろをちぎると、強
い静電気が起きて、反発するのです。

▶湿度が低いほど、はげしく反発する様子
が見られます。

ためしてみよう！

🎯 チャレンジ

うまくバランスを取るとポリエチレンシート
を宙にうかすことができるよ！

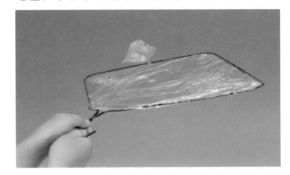

発表のためのまとめ

身のまわりの物で、ちぎったポリエチ
レンのふくろとくっつく物、反発する
物に分けてみよう。

くっつく	反発する
●自分の手	●ストロー
●下じき	●ゴム風船
●かみの毛	

工作

<ruby>工<rt>こう</rt></ruby><ruby>作<rt>さく</rt></ruby>

工作をやるときに気をつけること

- ●ためしにいくつかつくってみよう。
- ●磁石は、ペースメーカーや磁気カード、精密機器などにちかづけないようにしよう。
- ●カッターなどを使うときは、ケガをしないように気をつけて、おうちの人といっしょに使おう。

工作❶
むずかしさ
★☆☆
所要時間
1時間
テーマ
磁石の性質
（3年生）

磁石でまわる！くるくるクリップ

コップの中で空中に浮いた絵。フタの磁石をおすと、この絵がくるくるとまわる不思議なコップをつくろう。

鳥が鳥かごの中に入ってる！

くるくる

くるくるクリップのつくりかた

1 コップの底に穴をあける

プラスチックコップの底の中央に、プッシュピンで穴をあける。

2 コップに糸を通す

糸のはしにセロハンテープをはってストッパーをつくり、糸の反対側をコップの底の穴から通す。

用意するもの

- ミシン糸または手ぬい糸（30cm）
- セロハンテープ
- フタつきとう明プラスチックコップ 1個
- プッシュピン
- クリップにつけるかざり
- 強力磁石 2個
- クリップ（28〜33mm）1個

※クリップは、磁石にくっつく鉄製のもの。

3 クリップを結びつける

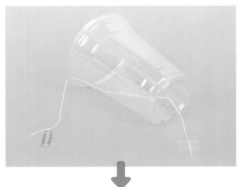

コップの底を通した糸の先に、クリップをかた結びで結びつける。

ほどけないように、2回くらい結ぶといいね。

4 フタを磁石ではさむ

コップのフタにストローの穴があいている場合は、セロハンテープでふさぐ。フタの中央に、2個の強力磁石でフタをはさむように取りつける。

5 糸の長さを調節する

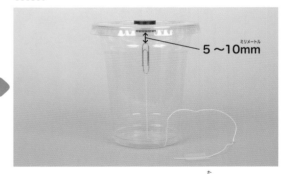

5〜10mm

コップのフタをしめ、コップを立てたとき、クリップが磁石から5〜10mmくらいはなれるように糸の長さを調節する。調節できたら、セロハンテープをはって糸を固定する。

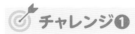

ためしてみよう！

🎯 チャレンジ❶

フタの磁石をやさしくおしたり、はなしたりをくり返し、磁石をコップの中のクリップに近づけたり、遠ざけたりしてみよう。中のクリップはどのように動くかな。

フタをおしたとき、クリップが磁石にあたらないように、糸の長さを調節しよう。

🎯 チャレンジ❷

クリップに、いろいろなかざりをつけてまわしてみよう。

① 鳥と鳥かごの絵に色をぬったら、太い線にそって切り、うらがわに両面テープをはる。クリップの頭が少し出るようにはりつけ、かざりの紙を中央でおる。速くまわすと、絵が合体して見えるよ。

② 下の白わくには、好きな絵をかいてみよう。色ちがいの同じ絵をかき、速くまわすと色がまざって見えるよ。一部だけ変えた絵をかき、ゆっくりまわすと2コマアニメにもなるんだ。

※右の絵はコピーをとって使おう。クリップに、好きな絵のシールをはると、かざりがかんたんにつくれるよ。

山おり

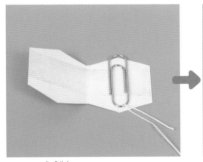

うらに両面テープをはり、クリップを絵のまんなかにのせる。

少しはみ出る

クリップの頭が、絵から少しはみ出るようにはさむ。

糸の長さを調節して、絵を宙にうかせる。

工作 でサイエンス

▶ 鉄でできたクリップを磁石に近づけると、磁石の磁力で引っぱられます。クリップは、磁石に近づくほど磁力が強くなり、糸の長さをうまく調節すると、落下せずに宙にうくようになるのです。

▶ 1本の糸は、何本かの細い糸をねじり合わせてつくられています。磁石が近づいて磁力が強くなったとき、クリップにつなげられた糸は、ねじれを解消する（ほどく）ことで少しでも長くのびようとするため、ねじれと反対方向に回転していたのです。

発表のためのまとめ

クリップはうまくまわったかな？ 「糸の材質・太さ・長さ」「磁石の強さ」「かざりの大きさ・重さ」「クリップの大きさ・形」など、材料を変えて工夫をすると、もっとまわるようになるかもしれないよ。いろいろ工夫をしてみたら、その結果を記録して、よくまわるかざりについて発表しよう。

工作① ★ ☆☆

51

むずかしさ
★☆☆

所要時間
1時間

テーマ
リトマス試験紙
（6年生）

花びらの染色 ランチョンマット

花びらでほんのりそまったランチョンマットをしいて、おやつタイムに使ってみよう。かんたんできれいなおりぞめ方法をしょうかいするよ。

ほんのり

きれいな色が出ているね。

おりぞめランチョンマットのつくりかた

きれいにそまるかな？

1 花びらを二重にしたポリぶくろに入れて冷とうする。

2 冷とうした花びらを冷とう庫から出し、常温で解とうする。

3 水と食酢を入れる

ポリぶくろに、大さじ1杯の水と食酢を入れる。

4 花びらをもむ

ポリぶくろの口を輪ゴムでとじて、指で花びらをおすようにもみほぐして色を出す。

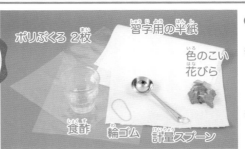

ポリぶくろ 2枚　　習字用の半紙　　●水

色のこい
花びら

※花びらは、ゼラニウムなど小さい花は20枚以上、アサガオは3〜4枚。

※半紙は、しょうじ紙、キッチンタオルなどでもよい。

食酢　　輪ゴム　　計量スプーン

5 半紙をおる

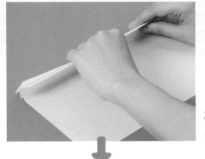

おりぞめに使う半紙をおる。

6 半紙のはしを色水につける

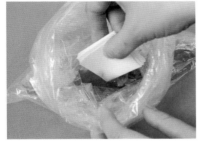

おった半紙のはしをポリぶくろの中の色水に少しつけたら、かわかして完成!

工作 でサイエンス

▶花びらを冷とうすると、花びらにふくまれている水がこおって花びらがこわれやすくなり、色が出やすくなります。

▶花びらには「アントシアニン」という種類の色素がはいっています。この色素は酸性の液では、こいピンク色になるので食酢を入れます。

▶おりぞめを開いたとき、花びらのように見える形は、おりかたによって変わります。おったときの角度が45°なら、花びらは8枚になります（360°の円の中に8個だから、360=45+45+45+45+45+45+45+45）。

5 の半紙のおりかた

はじめは「びょうぶおり」にします。

幅は
2cm
〜
3cm

―― 山おり　--- 谷おり

①〜③のどれかでおろう

① 四角おり → □

② 三角おり → △

③ 正三角おり
はじめに30°におる

30°

あとは三角おりと同じ → △

ためしてみよう!

🎯 チャレンジ　おりぞめをするための紙のおりかたにはいろいろな種類があるから、自分でおりかたを工夫してみるのもいいね。

発表のためのまとめ

できあがったおりぞめをもぞう紙などにはって、使った花の種類やつくりかたなどを発表しよう。おりかたは実演するとわかりやすいよ。

工作②

✂

★
☆
☆

工作❸

むずかしさ
★☆☆

所要時間
1日

テーマ
水の性質
（4年生）

保冷剤でカラフル芳香剤をつくろう

よいかおりを出してさわやかな気分にしてくれる芳香剤。保冷剤を使って、インテリアにもなるオリジナルの芳香剤をつくってみよう。

かざりやかおりを変えてつくってみよう。

4色カラフル芳香剤

おはじき芳香剤

カラフル芳香剤のつくりかた

1 4色カラフル芳香剤をつくる

ふくろから保冷剤を取り出して透明なコップに入れ、食用色素や絵の具で色をつける。

4色ほど用意し、それぞれ、アロマオイルでラベンダーなどのかおりをつける。

2 保冷剤を重ね、水を入れる

1の保冷剤を1つずつ入れてから水を少しずつ加える。水を入れるとあわがぬけるが、入れすぎると色がまざる。

チャレンジ2

①色をつけるかわりに、保冷剤の中におはじきやプラスチックのかざりを入れてもよい。かざりを入れたら水を少しずつ加える。

②最後に、アロマオイルでかおりをつける。

ためしてみよう！

チャレンジ1

10円玉をいろいろな向きで入れてみよう。水を入れるとどうなるかな？

工作3 ★ ☆ ☆

工作 でサイエンス

▶保冷剤は、高吸収性ポリマーに水をまぜたものが多く使われています。ポリマーには水を吸収してゼリー状になる性質がありますが、水が多いと液体にちかいじょうたいになってしまいます。

発表のためのまとめ

作品の色やあわの量は、一日ごとに変わっていくよ。写真をとっておき、連続的にもぞう紙にはるときれいだよ。保冷剤に10円玉とおはじきを入れ、水を加えていったときの変化を絵にしてもいいね。

水10mL

水15mL

10円玉がしずんだ

水20mL

おはじきもしずんだ

工作④

むずかしさ
★☆☆

所要時間
1時間

テーマ
風の力
（2・3年生）

風船おばけをふき矢でおとそう！

おり紙と綿棒でつくった安全な矢で、ふき矢を楽しもう。
フワフワうかぶ風船のおばけをうまくうち落とせるかな？

ふき矢のつくりかた

1 おり紙を切る

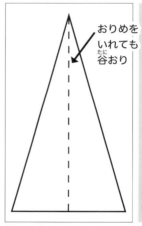

おりめを
いれても
谷おり

上の型に合わせており紙を切る。

2 綿棒を切る

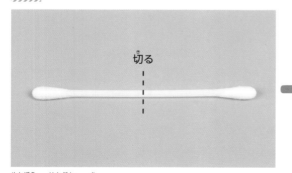

切る

綿棒を半分に切る。

3 おり紙に綿棒を取り付ける

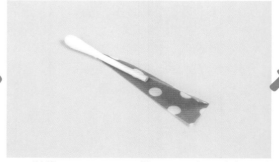

たて半分におったおり紙のおり目の部分に綿棒を合わせる。

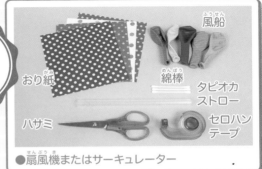

用意するもの

おり紙　風船　綿棒　タピオカストロー　ハサミ　セロハンテープ

●扇風機またはサーキュレーター

4 セロハンテープでとめる

綿棒をはさむようにして、おり紙のはしをはり合わせる。矢の後ろの部分を広げれば完成。矢の太さは、ストローにぴったりおさまるぐらいがよい。広がった部分をハサミで切って調節しよう。

5 風船にかざり付けをする

風船をふくらませ、好みの絵やかざり付けをする。

6 風船をうかばせる

扇風機（またはサーキュレーター）を横にして、風船を浮かばせる。このまとをふき矢でねらう。

⚠ ふき矢をふくときは、矢をうつ方向を考えて安全に楽しもう。絶対に人に向けてうたないこと。

ためしてみよう！

２本のタピオカストローをたてにつなぎ、長いつつをつくってとばしてみよう。つつが長くなると、飛びかたにちがいが出るよ。２本のストローを横にならべて、２つの矢が同時に発射できるふき矢をつくっても楽しいよ。

工作でサイエンス

▶ふき矢は、口から出た速度のはやい空気が、矢を後ろから強くおすことで飛んで行きます。矢の速度は、どのくらいの力で、どのくらいの長い時間、空気が矢をおしていたかで決まります。だから、空気をふく息の強さを強くすれば、矢ははやく飛びます。また、その力を長い間かけ続けることで、矢はだんだん加速していくので、ストローは１本のときより２本つないだときのほうが、矢ははやく飛びます。

発表のためのまとめ

ストロー１本の場合と２本の場合を、みんなの前で実さいにやってみるといいね。

工作④　★☆☆

57

むずかしさ
★ ☆ ☆

所要時間
5日

テーマ
水の蒸発
(4年生)

オリジナルシールを つくろう

コップや鏡にはることができる、自分だけのオリジナルシールをつくろう。
何度でも、はがして使うことのできるシールだよ。

ぺたっ

好きな
ところにはって、
たのしんでね。

シールのつくりかた

1 下じきに絵をかく

下じきに、シールにする絵を
クレヨンでかく。

2 のりをたらす

色えんぴつをつめ切りの
やすりでけずって、のり
にふりかけてもいいよ。

絵の上に、のりをたらす。中ブタをはずしてたらすので、
一度に出しすぎないように気をつけよう。

3 5日間ほどかわかす

平らなところにお
いて、5日間ほど
かわかす。

絵をかくかわりに、
紙を好きな形に切って、
のりをたらしてみても
いいね。

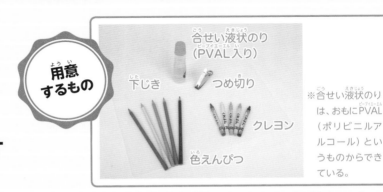

用意するもの

合せい液状のり（PVAL入り）

下じき　つめ切り

クレヨン

色えんぴつ

※合せい液状のりは、おもにPVAL（ポリビニルアルコール）というものからできている。

④ 下じきからはがす

指でさわって、ベタベタしなくなったらできあがり。下じきからはがして、ガラスなどにはろう。

シールは、ぬれたところにはるととけてしまうから気をつけよう。

ためしてみよう！

チャレンジ❶

たらしたのりのまん中のやわらかいところを、綿棒の先でつつくとどうなる？

チャレンジ❷

下じきをそっとかたむけると、どうなる？

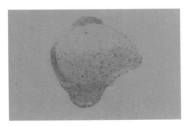

チャレンジ❶❷の方法で、あとどれくらいでかわくか知ることができるよ。できあがりの直前では、スライムみたいにねばり気があっておもしろいよ。

工作でサイエンス

▶ のりから、だんだん水分がぬけていくにしたがって、ねばり気が出てきます。もっと水分がぬけると、のりがかたまります。

▶ シールの裏面は平らになります。平らだと、ものにみっ着するからくっつきやすくなるのです。お皿につけるラップも同じです。

発表のためのまとめ

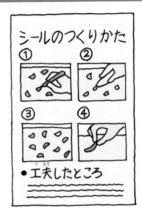

もぞう紙に、つくりかたを絵でかこう。色づけで工夫したところもかくといいよ。

シールのつくりかた
① ② ③ ④
● 工夫したところ

工作⑤
✂
★☆☆

むずかしさ
★☆☆

所要時間
30分

テーマ
もののとけかた
（5年生）

水で浮き出る文字

水に溶けるでんぷんのりと、水に溶けないクレヨンを使って、
見えない文字を浮かび上がらせてみよう。

筆でこすると、
文字が浮かび
上がってきた！

水で浮き出る文字のやりかた

1 でんぷんのりを水でうすめる

小皿ででんぷんのりを水でうすめたもの（のり：水＝1：2）をよく混ぜる。

2 のりで文字や絵をかく

筆に1ののりをつけ、画用紙に文字や絵をかき、よくかわかす。かいたすぐあとは、のりの部分に光が反射して、かいたものが見える。

用意
するもの

●画用紙
●でんぷんのり
●クレヨン
●筆
●小皿　●水
●トレイ（画用紙がひたる
程度のもの）

③ 全体をクレヨンでぬる

よくかわいたら、画用紙の上全体をクレヨンでぬる（絵やもようをかいてもよい）。

文字や絵は
クレヨンの下の
層になり、光の
反射でも見えないよ。

④ 画用紙を水にひたす

水を入れたトレイに画用紙を入れて、10分ほどそのままにしておく。

⑤ 筆でこする

水に入れたまま、画用紙の表面をそっと筆でこすると、文字や絵が浮かび上がってくる。

✂ 工作❻ ★ ☆ ☆ ☆

工作でサイエンス

▶水に溶けるでんぷんのりが画用紙の上でかわくと、クレヨンは直接紙にふれません。かわいたのりの上にクレヨンがのった状態になるからです。水につけると、のりとともにクレヨンのまくも取れてしまうため、画用紙の白い部分があらわれます。

発表のためのまとめ

のりで文字をかいたあとにクレヨンで絵をかいて封とうに入れ、手紙として友だちに送ってみよう。どうやると、のりでかいた文字が見えるか、教えてあげよう。

工作❼

むずかしさ
★☆☆

所要時間
10分

テーマ
音の性質
（中学1年生）

声こぷたーを つくろう

音の正体は振動だよ。声がつくりだす振動で、プロペラをまわしてみよう。
よくまわる声の高さを見つけるのが実験成功のカギだ!

声を出すだけで
プロペラが
まわった!

つまようじにモールをゆるくまきつけてみよう。大きな声を出すと、モールが回転するよ。

声こぷたーのつくりかた

1 厚紙でプロペラをつくる

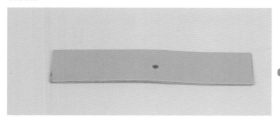

厚紙を1cm×4cmに切り、中心に画びょうで
小さな穴をあける（穴の大きさはつまようじ
の先が少し入るくらい）。

2 コップの底のふちに穴をあける

紙コップの底のふちの部分に、画びょうで穴
をあける。

用意するもの
- ●紙コップ　●つまようじ
- ●牛乳パックなどの厚紙
- ●ビーズ　●画びょう
- ●セロハンテープ

3 穴につまようじを通す

2であけた穴に太いほうが底になるようにつまようじを通して、底とテープでとめる。

つまようじの端は、コップのまん中くらい

4 プロペラをつける

つまようじの先に、1のプロペラをのせる（プロペラはつまようじに強くはめないこと）。ビーズをはめて、プロペラがはずれないようにすれば完成。

5 声を出してプロペラをまわす

底を床と水平に

紙コップを両手でしっかりと持ち、大きな声を出してプロペラを回転させる。振動しやすい音の高さがあるので、よく回転する音程を探そう（高い音が回転しやすい）。紙コップを下にかたむけて、プロペラを正面に向けると回転しやすくなるよ（この写真では、つまようじとプロペラのかわりに、金属のシャフトと大きめのスパンコールを使っているよ）。

工作 でサイエンス

▶音の正体は振動で、空気などを伝わります。声を出すとのどが振動して、口のまわりの空気を振動させます。空気の振動は紙コップの底を振動させ、つまようじへと伝わり、それがプロペラの回転になるのです。

▶音は、ものがはやく振動することで出ます。動物はもちろん、スズムシなどの昆虫にも音を利用して生活しているものがいます。

▶私たちは音の振動を、めがねなどの洗じょうでも利用しています。

発表のためのまとめ

「大きな声を出しますので、おどろかないでください」といってはじめるとよい。

工作❼ ★☆☆

✂

工作❽

むずかしさ
★☆☆

所要時間
3時間

テーマ
N極とS極
(3年生)

自立するペン立てをつくろう

ゆらゆらとペンが立っているよ。
ペンをそっとまわすと、ペンがくるくるまわるよ。

どうして
立っているの
かな?

自立するペン立てのつくりかた

1 えんぴつに磁石をつける

えんぴつに接着剤
などで磁石が上に
なるようにしてつ
ける。

2 ペン立てをつくる

カラーワイヤーをま
げ、ペン立てをつく
る。ペン立ての先に
磁石をつける。土台
は好きな形にしよう。

カラーワイヤーのかわりに針金ハンガーを使ってもいいよ。

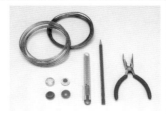

用意するもの

● カラーワイヤー（手でまげられるもの）
● 磁石　● ペンチ
● えんぴつ（またはカッター）　● 接着剤

３ えんぴつを立てる

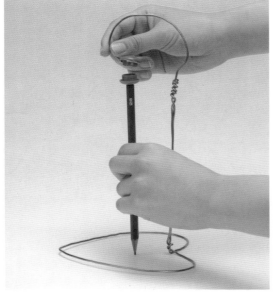

⚠️ ワイヤーの先でケガをしないように気をつけよう。

１ のえんぴつを立て、ペン立ての高さを調節するとえんぴつが自立するよ。

ためしてみよう！

🎯 チャレンジ❶

磁石の数を増やしたり、強い磁石を使うと、どれくらい距りをはなせるかな。

🎯 チャレンジ❷

ペン立ての土台の形や、上の形のデザインを工夫してみよう。

工作❽ ★ ☆ ☆

工作でサイエンス

▶ 磁石どうしをちかづけすぎるとくっついてしまいますし、はなしすぎると、うまく作用しなくなって、ペンがたおれてしまいます。ペンが立つにはちょうどいい距りがあります。

発表のためのまとめ

友だちに作品を見せるときに、自立する場合としない場合を見せるといいよ。

磁石とペンの間の長さ（㎜）

4	6	8	?	?
くっついた		ちょうどいい		たおれた

工作❾

むずかしさ
★☆☆

所要時間
30分

テーマ
音
（中学1年生）

ピロピロ鳴る水笛を
つくろう

観光地などで、水を入れて吹くと、ピロピロと鳥が鳴くような音がする笛が売られているね。これを身近な材料でつくってみよう。

ピロピロピロ…♪

うまく鳴らすことができるかな？

水笛のつくりかた

1 ストローに切れこみを入れる

ストローをコップに入れて、ふちから2cmくらい上にハサミで切れこみを入れよう。切り落とさず、ストローの太さの半分くらいまで切ってね。

2 切ったところをつぶす

切れた線が正面を向くようにして、切ったところが平らになるように手でつぶす。

●ハサミ
●ストロー（太さ6〜8mm
のもの。まがるストロー
はじゃばらの部分を切り
落としておく）
●小さめのコップ
●ホチキス　●水

**用意
するもの**

※水がこぼれることがあるかもしれないので、水を
　使ってもよい場所でやろう。

3 ホチキスでとめる

切り口の少し上の
両側をホチキスで
とめる。

4 ストローをまげる

ストローを切り口
のところでまげる。
このとき上側のス
トローに少しすき
まがあいて、空気
が通るようにしよ
う。

5 水を入れて吹く

コップに水を半分くらい入れて、ストローを入れ
て吹く。ストローの角度を調整しながら吹い
てみよう。

水の量を少しずつ
増やしていき、ある
ところからピロピロ
と鳴るようになると
水笛の完成だよ。
水を入れすぎると、
水がストローから
吹き出すから気を
つけよう。

工作❾ ★☆☆

工作 でサイエンス

▶上のストローから出た鋭い空気の流れが下のス
トローのふちにあたり、とても小さいうずをつく
ります。そのうずがすばやく振動すると、「ピー」
という音が出ます。切り口から水面までのストロ
ー内の空気の長さが短いと音が高くなります。

発表のためのまとめ

ストローの太さ、ホチキスのと
めかたを変えてどんなふうに音
が変わったかをまとめてみよう。
発表するときに、2〜3種類の
笛を持っていって、みんなの前
で吹いて聞かせてあげよう。

工作⑩

むずかしさ
★★☆
∙∙∙∙∙∙∙∙∙∙∙∙∙∙∙∙∙∙∙∙∙∙
所要時間
2時間
∙∙∙∙∙∙∙∙∙∙∙∙∙∙∙∙∙∙∙∙∙∙
テーマ
光の反射
（3年生）

ブンブンしゃぼん玉を
つくろう

キラキラ光るおり紙をペットボトルにつけて、ブンブンしゃぼん玉をつくろう。
うまくまわるとしゃぼん玉のように見えるよ!

ブ〜ン

本物の
しゃぼん玉
みたい!

ブンブンしゃぼん玉のつくりかた

1 ペットボトルを切る

ペットボトルの下
4cmを切る。

2 2つの穴をあける

2つのペットボト
ルの底に幅7mmほ
どの間をあけて、
穴を2つあける。

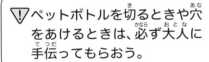

●500mLの炭酸飲料の
　ペットボトル2個（同じ
　形のもの）
●キラキラ光るおり紙
●セロハンテープ
●穴をあける道具（キリやドライバーなど）
●たこ糸（80cmくらい）　●両面テープ

（×2個）

⚠ペットボトルを切るときや穴
をあけるときは、必ず大人に
手伝ってもらおう。

③ たこ糸を通す

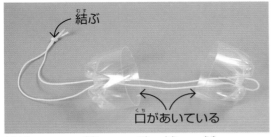

結ぶ

口があいている

写真のように穴にたこ糸を通して結ぶ。

④ 2つのペットボトルをとめる

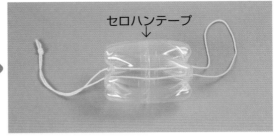

セロハンテープ

2つのペットボトルをセロハンテープでとめ
る。このときペットボトルの底のでっぱりを
そろえておく。

⑤ おり紙を帯にする

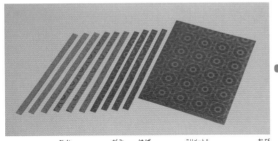

キラキラ光るおり紙を幅5〜8mmくらいの帯
にする（10本必要）。

⑥ おり紙をはりつける

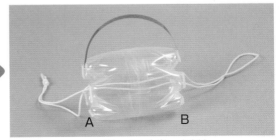

A　　　　　B

ペットボトルの底の凸部分に両面テープをは
り、写真のABの位置に切ったおり紙の両端
をつける。

⑦ すべてをはって完成

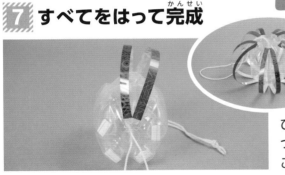

ひとつの凸に2本ずつ、計10本のおり紙をはり
つけて完成。ペットボトルをくるくる回して、た
こ糸をねじってから引っぱって遊ぼう。

✂
工作⑩
★
★
☆

工作⑪
むずかしさ
★☆☆
所要時間
1時間
テーマ
円の中心／半径 (3年生)

虹色コマをつくろう

虹色コマのシートを三原色でぬりわけて回転させると、あら不思議！
虹の七色が浮かびあがるよ。

くるくる

三色なのにたくさんの色が見えるよ。

虹色コマのつくりかた

1 CDの穴にビー玉をとめる

CDの穴にビー玉をのせて、ビー玉の上からセロハンテープでとめる。

用意するもの

- 使わないCD
- セロハンテープ
- ビー玉（直径1.5cmくらいのもの）
- 太めの水性カラーマジック（またはクレヨン）（赤、青、黄）
- クリップ2個　● 73ページのCDコマシートのコピー

CDコマシートのマスをいろいろな色でぬりわけることによって、虹色やグラデーションが楽しめるよ。

2 コマシートをぬる

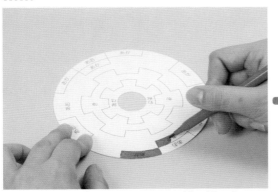

コピーしたCDコマシートを赤、青、黄でぬる。

3 コマシートをCDにのせる

CDコマシートをCDにのせて、左右をクリップでとめる。

遊びかた

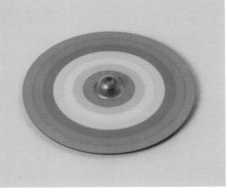

親指と人差し指でビー玉をつまみ、ひねってまわす。

⚠️ コマをあまり長い時間じっと見つめていると、気分が悪くなることもあるから、気をつけようね。

工作⑪　★☆☆

ぬる色を変えてまわすと、どんな色があらわれるか観察しよう。

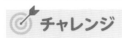

チャレンジ

シートを白黒にぬりわけると、白黒なのにほかの色が見える「ベンハムのコマ」をつくることもできるよ。例を参考にしていろいろなパターンでぬってみよう。

ベンハムのコマ	グラデーション	自由にぬったもの

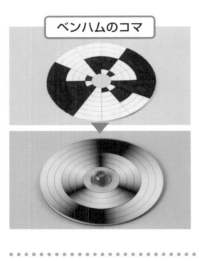  

工作でサイエンス

▶ カラープリンタのインクは、ふつうは赤（マゼンタ）、青（シアン）、黄（イエロー）、黒（ブラック）の4色です。つまり、色の三原色である赤、青、黄（＋黒）があれば、それを混ぜあわせて、いろいろな色をつくり出すことができます。

▶ 73ページのCDコマシートは色の三原色を使って、7つの色をつくり出します。CDコマシートの上には、中心からの距りが等しいところにレーンがかいてあります（同心円）。このレーンとレーンの間にいろいろな色がすばやく通っていくのを見ていると色が混ざったように見えます。紫色に見えるところは、どちらも青と赤でぬられていますが、あい色に見えるところでは、青の色が少し多くなっています。

発表のためのまとめ

つくったコマをみんなの前でまわして、色の三原色や色の混ざりかたについて説明しよう。

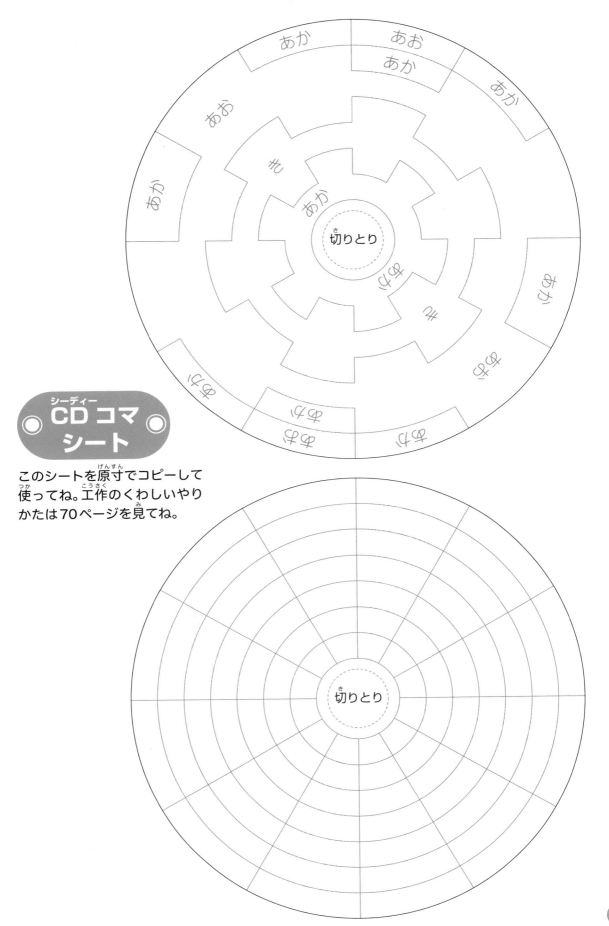

このシートを原寸でコピーして使ってね。工作のくわしいやりかたは70ページを見てね。

コラム

ほかにもこんな工作があるよ！

工作① かんたんおり染め

用意するもの 習字用の半紙、絵の具、水

半紙を何回もおり、小さな四角にする。角の部分を水にといた絵の具にひたしてみよう。開くともようができている。

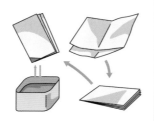

ためしてみよう！ 三角形などいろいろな形におってから、角の部分を絵の具につけるとどうなるかな。

工作② ミニミニブーメランをつくろう

用意するもの 厚紙

厚紙を好きな形に切り、片手の人さし指に乗せる。もう片方の人さし指で強くはじくと、くるくる回転して飛ぶよ。

⚠️ 人に当たらないように注意しよう。

ためしてみよう！ いろいろな形や大きさの紙でためしてみよう。

工作③ たんぽぽパラシュート

用意するもの 発泡スチロールの食品用トレイ1個、ポリぶくろ1枚、まるいシール2枚、白の油性ペン、セロハンテープ

①発泡スチロールトレイを3本に細く切る（1本は20cm×0.5cmくらい）。

②ポリぶくろの上に、①の2本を十字型にセロハンテープでとめる。

③残った1本の端を②の中心にセロハンテープでとめ、反対の端にシールをはる。

④ふくろをまるく切り、白の油性ペンでわた毛をかく。

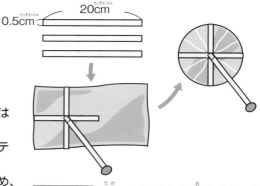

ためしてみよう！ 高いところから落とすと、どんなふうに落ちるか観察してみよう。

工作④ スライムスーパーボール

用意するもの PVA入り洗たくのり、塩、紙コップ、わりばし、スプーン、キッチンペーパー、新聞紙

①紙コップに洗たくのりを2cm（指2本）くらい入れ、スプーン3杯の塩を加える。

②わりばしでよくかきまぜる。かたまらないときは、塩をもう1杯加えてみよう。

③かたまりを取り出して、手でまるめる。さらに、新聞紙にキッチンペーパーをしき、その上で水が出なくなるまで転がす。

ためしてみよう！ ①で絵の具を少しまぜて、色つきのボールにしてみよう。

⚠️ 口に入れないように気をつけよう。遊び終わったら手をあらおう。

74

ちょうさ

調査をやるときに気をつけること

● 調査するテーマを、あらかじめはっきりさせておくこと。

● 調査をはじめる前に、本やインターネットを使って自分なりに
下調べをしておこう。

● 計画をしっかり立て、必要なもの（時計やメジャー、記録用紙
など）をそろえる。

● 交通量の多いところや川、池などに行くときは、子どもだけで
行かず、必ず大人といっしょに行こう。

むずかしさ
★☆☆

所要時間（しょようじかん）
1時間（じかん）

テーマ
もののあたたまり方（かた）
（4年生（ねんせい））

家（いえ）の中（なか）でいちばん すずしい場所（ばしょ）を探（さが）そう

同（おな）じ家（いえ）の中（なか）でも、実（じつ）は場所（ばしょ）によって温度（おんど）がちがう。
どんなところがいちばんすずしいのか、実際（じっさい）に測（はか）ってみよう。

いろいろな場所（ばしょ）を測（はか）って記録（きろく）してみよう！

ちょうさのやりかた

まずは冷暖房（れいだんぼう）をつけずに測（はか）ろう！

1 高（たか）いところと低（ひく）いところを比（くら）べる

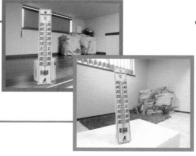

あたたかい空気（くうき）は上（うえ）に行（い）きやすい。
同（おな）じ部屋（へや）だと、低（ひく）いところの方（ほう）がすずしい？

〜温度計（おんどけい）の使（つか）い方（かた）〜

● 「液（えき）だめ」の部分（ぶぶん）はさわらないように気（き）をつけよう。
● まっすぐ横（よこ）から目盛（めも）りを見（み）よう。
● 測（はか）る場所（ばしょ）に置（お）いたら、5分（ふん）くらい待（ま）ってから温度（おんど）を読（よ）もう

液（えき）だめ

用意するもの

- ガラス製温度計（おんどけい）
  （温度（おんど）を比（くら）べるときに
  同（おな）じものが2つあると便利（べんり））
- 厚紙（あつがみ）（下（した）じき）

②明（あか）るい場所（ばしょ）と 暗（くら）い場所（ばしょ）を比（くら）べる

日（ひ）の当（あ）たりやすい部屋（へや）と、日（ひ）の当（あ）たりにくい部屋（へや）を比（くら）べよう。
厚紙（あつがみ）や下（した）じきなどを使（つか）って、温度計（おんどけい）に太陽（たいよう）の光（ひかり）が直接（ちょくせつ）当（あ）たらないように工夫（くふう）しよう。

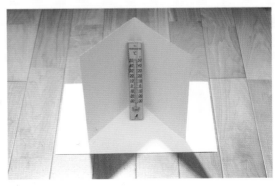

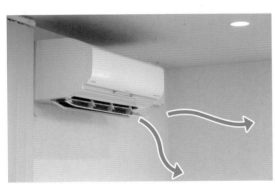

③条件（じょうけん）を変（か）えて測（はか）る

冷暖房（れいだんぼう）をつけるとき、風（かぜ）を上向（うわむ）き、下向（したむ）きにすると高（たか）いところ、低（ひく）いところの温度（おんど）はどうなるだろう。
扇風機（せんぷうき）を一緒（いっしょ）に回（まわ）すと変化（へんか）はあるかな？

ためしてみよう！

🎯 チャレンジ

「打（う）ち水（みず）」をすると地面（じめん）の温度（おんど）が下（さ）がる。打（う）ち水（みず）をした場所（ばしょ）とそうでない場所（ばしょ）を比（くら）べよう。
時間帯（じかんたい）は、水（みず）のなくなりにくい夕方（ゆうがた）がおすすめ。

発表（はっぴょう）のためのまとめ

日付（ひづけ）、時間（じかん）、天気（てんき）を記録（きろく）して、場所（ばしょ）と温度（おんど）を表（ひょう）でまとめよう。
どんなところがいちばんすずしいかな？

ちょうさ❶ ── ★☆☆

77

ちょうさ❷

むずかしさ
★★☆

所要時間
2時間

テーマ
身近な地域の様子
（3年生）

河川しきの そうじをしよう

河川しきなどに行って、落ちているごみを集めてみよう。
どんな場所に、どんなごみが多いだろうか?

必ず大人と
いっしょに行こう。
水の中には
入らないように!

ちょうさのやりかた

1 歩いて場所を決める

ごみはどんなところに落ちているだ
ろうか。ひろいにいく前に、河川しき
や公園など、自分の住む街を歩いて探
してみよう。たくさんの人が集まる、
だれでも入れる場所を選ぶのがよい。

● ごみ袋（多めに）

● 軍手

● ごみをひろうトングなど

2 分別しながらごみをひろう

ごみをひろうときはきちんと分別。
びん、缶、ペットボトル、燃えるごみ、プラスチックごみ、不燃ごみなど、自分の住む自治体のルールに従おう。

3 ごみの種類とあった場所を記録する

場所を変えながらごみをひろい、どこにどんなごみが多かったか記録する。
河川しきだったら、川の近く、川から遠い場所、草の中など。

> 大きいごみや
> ひろえないごみは
> 記録だけしておこう

ためしてみよう！

🎯 チャレンジ　プラスチックの中にも、水に浮くものと水の中に沈むものとがある。
ビニール、発泡トレー、パンのとめ具など、小さく切って水に浮くかためしてみよう。
このようなプラスチックが川に捨てられるとどうなるだろうか。

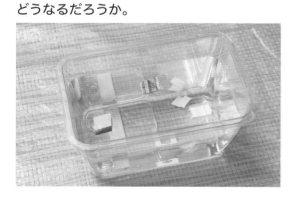

発表のためのまとめ

ごみが多く見つかった場所と、そこでどんな種類のごみが多かったか、表でまとめてみよう。
なぜそのごみが多くなったのだろうか。
捨てられてしまうのを減らすには、どうしたらよいだろう？

場所	多かったごみ
水辺	ペットボトル
草地	？
歩道わき	？
…	…

ちょうさ② ★★☆

編著者

NPO法人ガリレオ工房

「科学の楽しさをすべての人に」を合言葉に、日本で最も古くから科学教育振興を目指して活動してきた団体の1つ。メンバーは教員、エンジニア、科学ボランティアなど。2002年に第36回吉川英治文化賞受賞。世界初の実験はテレビ等で取り上げられ、多くの書籍が刊行されている。近年は、教育格差をなくすため、たくさんの地域の子どもや科学ボランティアの方々とつながり、オンライン実験教室を開催している。

白數哲久（NPO法人ガリレオ工房理事長　昭和女子大学教授）

執筆者

白數哲久 …………	はじめての自由研究、p18・20・26・28・40・44・46・49・54・56・58
古野　博 ………	p22・36・42・52・56・68・70
安西巻子 ………	p24
塚本萌太 ………	p30
土井美香子 ……	p32
吉田のりまき ……	p38
小岩嘉隆 ………	p49
稲田大祐 ………	p60
原口　智 ………	p62
滝川洋二 ………	p64
渡邊　昇 ………	p66
正籬　卓 ………	p76・78

編集・校正　白數哲久、正籬卓、有限会社くすのき舎

撮影　伊知地国夫、谷津栄紀、下村孝

モデル　キャストネット・キッズ（竹内圭哉、友利紅怜亜）香織、環奈、杉野拓磨、奈々、直太郎、大宮滉人、渡邉安珠

キャラクターイラスト　いわたまさよし

イラスト　I.Lu.Ca（品川・藤原・池田）、中村滋

本文デザイン・DTP　松川直也

編集協力　コバヤシヒロミ

参考文献

『ガリレオ工房の科学遊び PART2 おもしろ実験 新ワザ66選』滝川洋二／山村紳一郎編著　実教出版
『ガリレオ工房の科学遊び PART3 親子で楽しむ知的刺激実験57選』滝川洋二／古田豊／伊知地国夫編著　実教出版
『小学館の図鑑NEO［新版］科学の実験 DVDつき』ガリレオ工房監修　小学館

できる！ 自由研究　小学1・2年生

2024年6月10日　第1刷発行

編著者	NPO法人ガリレオ工房
発行者	永岡純一
発行所	株式会社永岡書店
	〒176-8518
	東京都練馬区豊玉上1-7-14
	TEL 03-3992-5155(代表)
	TEL 03-3992-7191(編集)
印　刷	誠宏印刷
製　本	ヤマナカ製本

自由研究のまとめ用紙はQRコードを読み取ってダウンロードできます

（パスワード：matome12）

※通信料が発生する場合があります

ISBN978-4-522-44177-0 C8040